BEI GRIN MACHT SICH IHR WISSEN BEZAHLT

- Wir veröffentlichen Ihre Hausarbeit,
  Bachelor- und Masterarbeit

- Ihr eigenes eBook und Buch -
  weltweit in allen wichtigen Shops

- Verdienen Sie an jedem Verkauf

Jetzt bei www.GRIN.com hochladen und kostenlos publizieren

GRIN ☺

Bemessung und Gestaltung eines Konsolenanschlusses. Auslegung Schraubenverbindung, Schweißverbindung, Bolzen und Träger

Karl Wilck

Bibliografische Information der Deutschen Nationalbibliothek:

Die Deutsche Nationalbibliothek verzeichnet diese Publikation in der Deutschen Nationalbibliografie; detaillierte bibliografische Daten sind im Internet über http://dnb.d-nb.de abrufbar.

ISBN: 9783346786852
Dieses Buch ist auch als E-Book erhältlich.

Druck und Bindung: Books on Demand GmbH, Norderstedt Germany
Gedruckt auf säurefreiem Papier aus verantwortungsvollen Quellen

Das vorliegende Werk wurde sorgfältig erarbeitet. Dennoch übernehmen Autoren und Verlag für die Richtigkeit von Angaben, Hinweisen, Links und Ratschlägen sowie eventuelle Druckfehler keine Haftung.

Das Buch bei GRIN: https://www.grin.com/document/1308944

HFH - Hamburger Fern-Hochschule
Alter Teichweg 19
22081 Hamburg

Bemessung und Gestaltung eines Konsolenanschlusses

Prüfungsleistung - Hausarbeit

im Modul Konstruktion und Maschinenelemente 1 – Einführung in CAD

Herbstsemester 2020

Berechnungsversion 6

Zertifikatsstudium

Karl Wilck

Abgabetermin: 24.04.2021

I Inhaltsverzeichnis

Anmerkung der Redaktion: Anlagen sind nicht vorhanden.

2

II Abkürzungsverzeichnis

Verzeichnis der Formelzeichen und Abkürzungen

a	Nahtdicke
A_B	Querschnitt des Bolzens
A_{d3}	Kernquerschnitt des Gewindes
A_N	Nennquerschnitt des Gewindes
A_P	Auflagefläche projiziert
A_S	Spannungsquerschnitt
A_{Serf}	erforderlicher Spannungsquerschnitt
A_W	Fläche, Schweißnaht
b	Breite (innen)
b_A	Augenbreite
B	Breite (außen)
K_A	Betriebsfaktor
d	Durchmesser
d_h	Durchmesser Schraubenbohrung
d_w	Schraubenauflagendurchmesser
D_A	Außendurchmesser
$D_{A,Gr}$	Grenzaußendurchmesser
E	Elastizitätsmodul
E_S	Elastizitätsmodul, Stahl
F	Kraft
F_a	axiale Betriebskraft
F_k	Klemmkraft
F_{kerf}	erforderliche Klemmkraft
F_m	Montagevorspannkraft
$F_{m0,9}$	Montagevorspannkraft, 90% Ausnutzung
f	Längenänderung
f_z	Setzbetrag
F_z	Vorspannkraftverlust
h	Höhe (innen)
H	Höhe (außen)
l	Länge
l_E	Ersatzdehnlänge, Einschraubgewinde
l_F	Länge Abstand Kraftangriffspunkt
l_H	Höhe der Verformungshülse
l_K	Klemmlänge
l_{Schr}	Schraubenlänge
l_{SK}	Ersatzdehnlänge, Schraubenkopf
l_V	Höhe des Verformungskegels
K_F	Faktor statische Stuetzwirkung
M_B	Biegemoment

3

m_{eff}	Mindesteinschraubtiefe
n	Krafteinleitungsfaktor
P	Gewindesteigung
p	Flächenpressung
p_G	Grenzflächenpressung
p_m	mittlere Flächenpressung
p_{zul}	zulässige Flächenpressung
R_e	Streckgrenze
R_m	Mindestzugfestigkeit
$R_{p0,2}$	0,2%-Dehngrenze
R_z	gemittelte Rauheit
s	Materialdicke
S_{erf}	erforderliche Sicherheit
StB	Studienbrief
t_{min}	*(min)* Dicke, Materialstärke
w	Verbindungskoeffizient
W_b	Widerstandsmoment gegen Biegung
W_{bw}	Widerstandsmoment geg. Biegung, Schweißnaht
W_{berf}	erfrderliches Widerstandsmoment gegen Biegung
W_t	Widerstandsmoment gegen Torsion
β_S	Nachgiebigkeitsfaktor des Verformungshohlkegels
κ	Spannungsverhältnis
μ_G	Reibungszahl Gewinde
μ_K	Reibungszahl Kopfauflage
σ_{zul}	zulässige Spannung
σ_b	Biegespannung σ_{bF} Biegespannung geg. Fließen
σ_{bw}	Biegespannung gegen Fließen, Schweißnaht
σ_{bzul}	zulässige Biegespannung
σ_{bwzul}	zulässige Biegespannung, Schweißnaht
σ_v	Vergleichsspannung
σ_z	Zugspannung
t_B	Scherfestigkeit
t_S	Schubspannung
F	Kraftverhältnis
F_K	Kraftverhältnis bei K raftangriff unter Kopf
F_n	Kraftverhältnis bei Krafteinleitung nahe Kopf
ζ	Reduktionsfaktor
d_S	Nachgiebigkeit Schraube
d_P	Nachgiebigkeit Bauteil, Platte
$\mathbf{d_K}$	Nachgiebigkeit Schraubenkopf
$\mathbf{d_{fr\_Gew}}$	Nachgiebigkeit Schraubenschaft freies Gewinde
$\mathbf{d_{Gew\_M}}$	Nachgiebigkeit Muttergewinde
$\mathbf{d_M}$	Nachgiebigkeit Mutter

III Bemessung und Gestaltung des Konsolanschlusses

0. Aufgabenstellung Versionsnummer

Für diese Hausarbeit gelten die Werte für die Version Nr. 6 gemäß meiner Matrikelendnummer.

Versions-Nr.	Kraft F N	Abstand l_F mm	Länge l_1 mm	Länge l_2 mm	Länge l_3 mm	Dicke s mm
6	3500	295	125	55	30	20

Abbildung 1 (in Anlehnung an Aufgabenstellung, HFH 2021:4)

Vorbemerkung

Nachfolgende Berechnung erfolgt ohne Berücksichtigung des Eigengewichts. Das heißt nicht, dass dies ohne Prüfung des Einflusses des Eigengewichts erfolgt ist!. Ich habe die Rechnungen immer parallel mit Eigengewicht überprüft und dabei festgestellt, dass es zwar geringfügig höhere Belastungen und grössere Querschnittswerte ergab, diese sich aber nicht auswirken konnten, da einerseits die Sicherheiten groß sind und andererseits die Tabellenwerte der Querschnitte grössere Reserven haben.

Mit anderen Worten: Es hat sich bestätigt, was ich angenommen hatte: Die Berücksichtigung von 26,5 N mehr Eigengewicht (9 kg x 9,81 m/s^2 x 0,3m = 26,5 N) bei der Berechnung ergibt keinen anderen Träger, keine breitere Schweißnaht und auch keine andere Schraube als in dieser Hausarbeit ermittelt.

Auf jeden Fall ist es wichtig und richtig, das Eigengewicht immer in jede Festigkeitsbeurteilung mit einzubeziehen und zu beurteilen und fundiert zu begründen, im Zweifelsfalle durch Vergleichsrechnungen, warum Eigengewicht nicht in einer Berechnung aufgeführt wird.

In diesem Fall hier ist der Eigengewichtsanteil mit 26,5N/3500N)* 100%= 0,75% (von der Gewerklast) aber wirklich vernachlässigbar klein und professionell vertretbar.

1. Entwurfsberechnungen (von Ausleger, Schweißnaht, Schraubenverbindung und Bolzenverbindung)

1.1 Auslegerquerschnitt

Der Ausleger besteht aus einem warmgewalzten Flachstab entsprechend DIN EN 10058. Für diese Konstruktion stehen 10 Querschnittsvarianten Höhe x Breite in Tabelle 2 der Aufgabenstellung *(HFH 2021:5)* zur Auswahl. Der Ausleger ist laut Prinzipskizze der Aufgabenstellung Abb.1 *(HFH 2021:4)* hochkant angeordnet, sodaß das größere der Widerstandsmomente der beiden Hauptrichtungen belastet wird.

1.1.1 Ausleger Schnittgrößen

Aus Abb. 2 geht unmittelbar hervor:

M_{bmax} (x=275mm) = 9,625 x 10^5 Nmm

Q(x=275mm) = 3500 N

N(x=275mm)=0.

Diese Schnittgrössenkombination ist die Grundlage für die Auslegung des Trägers. Eigengewicht wurde vernachlässigt.

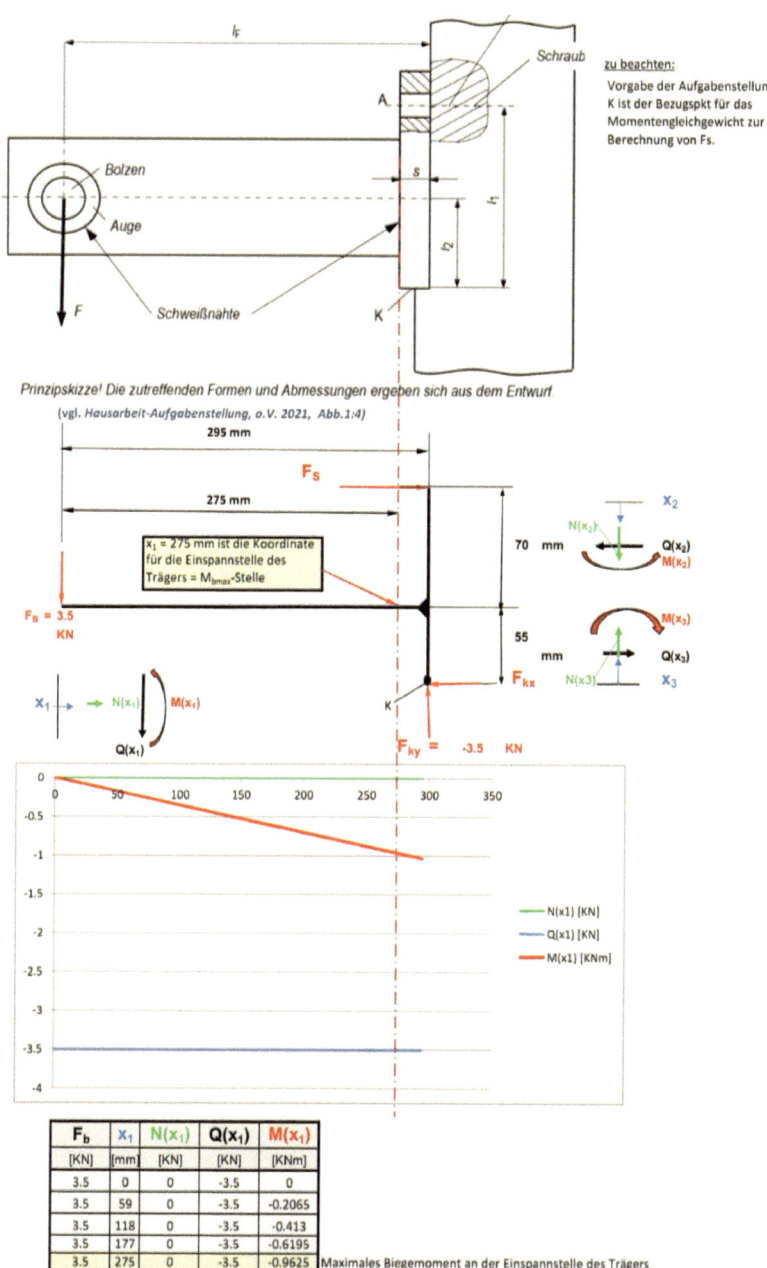

zu beachten:
Vorgabe der Aufgabenstellung
K ist der Bezugspkt für das
Momentengleichgewicht zur
Berechnung von Fs.

Prinzipskizze! Die zutreffenden Formen und Abmessungen ergeben sich aus dem Entwurf.
(vgl. *Hausarbeit-Aufgabenstellung, o.V. 2021, Abb.1:4*)

x_1 = 275 mm ist die Koordinate für die Einspannstelle des Trägers = M_{bmax}-Stelle

F_b	x_1	$N(x_1)$	$Q(x_1)$	$M(x_1)$
[KN]	[mm]	[KN]	[KN]	[KNm]
3.5	0	0	-3.5	0
3.5	59	0	-3.5	-0.2065
3.5	118	0	-3.5	-0.413
3.5	177	0	-3.5	-0.6195
3.5	275	0	-3.5	-0.9625
3.5	295	0	-3.5	-1.0325

Maximales Biegemoment an der Einspannstelle des Trägers

Abbildung 2

Abbildung 2 *Schnittgrössen am Ausleger*

1.1.2 Ausleger Entwurf Widerstandsmoment

Gegebene Werte in der Aufgabenstellung *(HFH 2021:6)*

- erforderliche Sicherheit gegen Fließen S_{erf} = 2

- Werkstoff S235JR

- R_e = 235 N/mm^2 gem. Stb 7 KN1, *2.1.5 (W.Hase, J.Hasenpath, 2019:23)*

- Faktor für statische Stützwirkung für Werkstoffe ohne harte Randschicht K_F =1,2

gem. Stb 7 KN1, *2.1.5 (W.Hase, J.Hasenpath, 2019:23)*

- Grösseneinflußfaktor K(d_{eff}) bleibt unberücksichtigt.

S_{bF} = K_F * R_e gem. Stb 7 KN1, *2.1.5 (W.Hase, J.Hasenpath, 2019:23)*

$\Rightarrow S_{bF}$ = 1,2 * 235 N/mm^2 $\Rightarrow S_{bF}$ = 282 N/mm^2

$$\Rightarrow S_{bzul} = \frac{\sigma_{bF}}{S_{erf}}$$

$$\Rightarrow S_{bzul} = \frac{282}{2} \text{ N/mm}^2 \Rightarrow$$

S_{bzul} = 141 N/mm^2 = zulässige Biegespannung für den Entwurf.

1.1.3 Ausleger Auswahl Profil

Das erforderliche Widerstandsmoment W_{berf} berechnet sich dann aus

$W_{berf} \geq \dfrac{Mbvorh}{\sigma bzul}$ gem. Stb2 KN1, Abb. 2.2 *(Gläser, Knuepfer 2019:24,)* $\Rightarrow W_{berf} \geq$

$$\frac{9,625*10^5 Nmm}{141 N/mm^2} = \underline{6826 \text{ mm}^3}$$

Laut Tab.2 der Aufgabenstellung *(HFH 2021:5)* ist das nächste passende **Profil 70 mm x 12 mm**

1.2 Schweißnaht Ausleger/Montageplatte Vorentwurf

Es soll die kleinst mögliche Flachkehlnaht ausgeführt werden.

1.2.1 Schweißnaht Auswahl und Berechnung

aus der Aufgabenstellung, Kap.1.2.1 *(HFH 2019:6) folgt:*

- Bewertungsgruppe der Schweißnaht: B

- statische Belastung κ= 1

- Werkstoff S235JR

- Umlaufgeschweißt, deshalb kein Endkraterabzug

- Horizontale Schweißnahtanteile über der Breite des Trägers bleiben

  unberücksichtigt

- Flachkehlnaht soll ausgeführt werden

- $a_{min} \geq (\sqrt{t_{max}} - 0,5)$ mm mit t_{max} = 20 mm (Montageplatte)

  gem. Aufgabenstellung, Kap.1.2.1 *(HFH 2019:6)*

  sowie

- Überprüfung ob $a_{max} < 0,7 * t_{min}$

  gem. Stb3 KN1 Gl. 2.6 *(W.Lori & P.Knuepfer 2019:14)* mit

  t_{min} = Breite des Flachstab-Trägers = 12mm

$\Rightarrow a_{min} \geq (\sqrt{20} - 0,5)$ mm = 3,97 mm

$\Rightarrow a_{min}$ = 4 mm wird aus den zur Verfügung stehenden Schweißnahtdicken

ausgewählt. Siehe Aufgabenstellung Kap.1.2.1 *(HFH 2019:6)*

Desweiteren wird überprüft, ob $a_{max} < 0,7 * 12$ mm = 8,4 mm ist, was ebenfalls erfüllt.

Weiterhin gilt nach Steinhilper & Sauer

gem. StB 3 KN1, *Kap. 2.2.2 (W.Lori, P.Knuepfer 2019:14)* daß die kleinste Kehlnaht-

Schweißnahtbreite ≥ 3 mm sein soll, was ebenfalls

mit a = 4mm erfüllt ist.

In Stb7 KN1, Kap. 2.2.5 *(W.Hase, J.Hasenpath 2019:37)* findet man s_{bwzul} = 140

N/mm^2 für Bewertungsgruppe B, κ = 1 und Werkstoff S235JR sowie umlaufend

geschweißt.

Da die Schubspannungen bei der Vordimensionierung unberücksichtigt bleiben, wird

mit 140 N/mm^2 – 20 N/mm^2 = 120 N/mm^2 weiter gerechnet.

1.2.2 Schweißnaht Überprüfung

Unter Verwendung von Gleichung 2.6

aus Stb 3 KN1 *(W.Lori & P.Knuepfer 2019:15)* wird berechnet:

$$s_{bw} = \frac{M_{bwmax}}{W_{bvorh}} = \frac{275 \, mm * 3500N * 3}{4 * 70^2 mm^2} = 147 \text{ N/mm}^2 > 120 \text{ N/mm}^2.$$

Das heißt, das Widerstandsmoment, welches sich aus a = 4 mm und H=70 mm

berechnet ist offenbar zu klein.

Um ein grösseres Widerstandsmoment zu erhalten, muß der Flachstab eine grössere

Höhe H haben.

Die nächste kleinste Grösse hat eine Höhe H = 75 mm:

$$s_{bw} = \frac{M_{bwmax}}{W_{bvorh}} = \frac{275 \, mm * 3500N * 3}{4 * 75^2 mm^2} = 128 \text{ N/mm}^2 > 120 \text{ N/mm}^2.$$

(Anmerkung: Mit Eigengewicht ist s_{BW} = 128,8 N/mm^2)

Das heißt, das Widerstandsmoment, welches sich aus a = 4 mm und H=75 mm berechnet, ist offenbar auch zu klein.

Um ein grösseres Widerstandsmoment zu erhalten, muß der Flachstab eine grössere Höhe H haben.

Die nächste kleinste Grösse hat eine Höhe H = 80 mm:

$$S_{bw} \geq \frac{M_{bwmax}}{W_{bvorh}} = \frac{275 \; mm*3500N*3}{4*80^2 mm^2} = 113 \; N/mm^2 < 120 \; N/mm^2.$$

(Anmerkung: Mit Eigengewicht ist s_{BW}= 113,2 N/mm^2)

Das Widerstandsmoment der Schweißnaht Flachstab/ Montageplatte erhöht sich nunmehr auf

$$W_{bvorh} = \frac{4*80^2}{3} \; mm^3 = 8533 \; mm^3$$

Anmerkung:

Mit Flachstab DIN EN 10058 – 80 x 15 x 305 M - S235JR aus

Aufgabenstellung Tab.2 *(HFH 2021:5)* kann die

Schweißnahtdicke a = 4mm umgesetzt werden.

Die Länge des Flachstabs wird nach der Berechnung der Bolzenverbindung genau festgelegt.

1.3 Schraubenverbindung Entwurf

Gemäß Aufgabenstellung *(HFH 2019:5,7)*

- Berechnung der Schraubenkraft F_A über Momentengleichgewicht um Pkt. K

  3500 N * 285 mm = F_A * 125 mm $\Rightarrow$ $\underline{F_A = 7980 \; N}$ (8096N mit Eigengewicht)

  Restklemmkraft F_{Kerf} = 0,8 * F_A $\Rightarrow$ $\underline{F_{Kerf} = 6384 \; N}$ (6475 mit Eigengewicht)

- Schraubenart Ganzgewindeschraube DIN EN ISO 4017

- Festigkeitsklasse 8.8 $\Rightarrow$ $R_{p0,2}$ = 640 N/mm^2 Stb 7 KN1, Kap. 2.3.4 *(W.Hase, J.Hasenpath 2019:42)*

- Reibungszahlen für Gewinde und Kopfauflage μ_G = μ_K = 0,12

- Rautiefe Montageplatte R_z = 20 mm

- Drehmomentgesteuertes Regelanziehen a_A = 2,0

Unter Verwendung von Gleichung 3.46 berechnet sich der erforderliche Spannungsquerschnitt der Schrauben mit

$$A_s = \frac{F_A + F_{Kerf}}{\frac{R_{p0.2}}{a_A * \xi} - \beta_s * E_s * \frac{f_z}{L_k}}$$

Gleichung 3.46 aus Stb 3 KN1 *(W.Lori & P.Knuepfer, 2019:39)*

Fehlende Parameter um A_s aus Gleichung 3.46 berechnen zu können:
- Reduktionsfator x=1,19 für m_g = 0,12 siehe Stb 7 KN1, Kap. 2.3.2 *(W.Hase, J.Hasenpath 2019:40)*
- Nachgiebigkeitsfaktor b_s =0,8 gilt für Ganzgewindeschrauben vgl. *Stb 3 KN1,Gl. 2.6 (W.Lori & P.Knuepfer 2019:39)*
- Der E-Modul für Stahl ist E_s = $2,1*10^5$ N/mm².
- Die Klemmlänge besteht aus der Dicke der Montageplatte   S=20 mm und der Dicke einer Unterlegscheibe von s = 1,6 mm gem. Tab. 3.6 Stb 3 KN1 *(W.Lori & P.Knuepfer, 2019:44)*

Der Setzbetrag f_z ist die Summe aus den einzelnen Setzbeträgen von vgl. Stb 7 KN1, Kap. 2.3.2 *(W.Hase, J.Hasenpath 2019:40)*
- Gewindepaarung für 10 mm < Rz < 40 mm und Zug/Druck = 3 mm
- Bauteil/Bauteil für 10 mm < Rz < 40 mm und Zug/Druck   = 3 mm
- Kopf/Scheibe für 10 mm < Rz < 40 mm und Zug/Druck   = 3 mm
- Scheibe/Bauteil für 10 mm < Rz < 40 mm und Zug/Druck   = 2 mm

  Ergibt den gesamten Setzbetrag f_z = 11mm

$$A_{Serf} = \frac{14364}{\frac{640}{2*1,19} - 0,8*210000*\frac{0,011}{21,6}} \ mm^2 = 78,34 \ mm^2$$

(Mit Eigengewicht erhält man A_s= 79,5 mm²)

Ich wähle 3 Schrauben M8 mit A_s = 36,6 mm² pro Schraube.

Siehe Stb 7 KN1, Kap. 2.3.1 *(W.Hase, J.Hasenpath 2019:38)*.

Dann ist A_{svorh} = 109,8 mm² > A_{serf} = 78,34 mm².

4 Schrauben M6 haben einen gesamten Spannungsquerschnitt von 4*20,1 mm² = 80,4 mm² erfüllen das Auswahlkriterium auch, aber sehr knapp.

Fazit ist, daß bis hierher das Eigengewicht keinen Einfluss auf die Konstruktion hat.

1.3.1 Schraubenauswahl Begründung

Ich gebe 3 Schrauben M8 den Vorzug gegenüber 4 Schrauben M6, um der Forderung nach einer möglichst kleinen Bauweise (siehe Aufgabenstellung S.5/9) gerecht zu werden:

4 Schrauben M6 benötigen mehr Platz für die Ausdehnung ihrer Verformungskegel:

Es gilt: $D_{A,Gr} = d_W + w * l_K * 0{,}577$ Gl.3.14

$$= 8{,}9mm + 2 * 20mm * 0{,}577 \quad = 32 \text{ mm}$$

D_A müsste grösser sein. $D_A = 33$mm führt zu einer Breite von

$b_M = 3 * 33mm + 2 * 17 \text{ mm} = 133 \text{ mm}$.

Vorweggenommen sei hier, dass die Konstruktion mit Schrauben M8 nur eine Breite der Montageplatte von 120 mm benötigt.

Eine Unterlegscheibe wird berücksichtigt, weil ich von 3 Schrauben M8 ausgehe und dadurch höhere Flächenpressungen unter den Schraubenköpfen erwarte, auch weil d_h vergrössert wird, um mehr Einbauspiel zu haben. ($d_h = 10{,}5$ mm), wodurch sich die Kontaktfläche unter dem Schraubenkopf sehr verkleinert.

Reserven sind aber notwendig, weil

- das Eigengewicht nicht berücksichtigt wurde
- Sonderlasten nicht berücksichtigt wurden, die durchaus auftreten können (siehe Abb. 3&4)
- Imperfektionen bei der Montage auch auftreten könnten.

Abb. 3 Rohrbrücken in Petro Brazi, Rumänien: Sonderlasten durch Eisbildung

Abb. 4 Eisbildung an Rohren als zusätzliche Belastungen, Petro Brazi Rumänien

1.4 Bolzendurchmesser Entwurf

Vorgaben aus der Aufgabenstellung (HFH 2021:5,7)

- Bolzen im Presssitz
- erforderliche Sicherheit S_{erf} =2,6
- p_{zulA} = 60 N/mm²
- Werkstoff des Bolzens 35S20
- Bolzen R_m = 600 N/mm²
- Bolzen R_e = 380 N/mm²

Die Biegefließgrenze wird um die statische Stützwirkung erhöht:

S_{bF} = K_F * R_e gem. Stb 7 KN1, 2.1.5 (*W.Hase, J.Hasenpath, 2019:23*)

S_{bF} = 380 N/mm² * 1,2 = 456 N/mm²

$$S_{bzul} = \frac{\sigma_{bF}}{S_{erf}} \quad \Leftrightarrow \quad S_{bzul} = \frac{456}{2,6} \text{ N/mm}^2 = \underline{175,4 \text{ N/mm}^2}$$

Das erforderliche Widerstandsmoment ergibt sich aus:

$$W_{berf} \geq \frac{M_{bvorh}}{\sigma_{bzul}} \quad \text{gem. Stb 2 KN 1, Abb. 2.2 (Gläser, Knuepfer 2019:24)}$$

mit M_{bvorh} = $\dfrac{(2*L_3 + b_A)*F}{2}$ $\quad$ L_3 aus Abb.1, Aufgabenstellung (HFH 2021:4)

b_A = 20mm (Breite des Auges)

$$W_{berf} \geq \frac{1750N*40}{175,4N} \text{ mm}^3 \quad = 399,1 \text{ mm}^3$$

$$d_B \geq \sqrt[3]{\frac{399,1*32}{\pi}} \text{ mm} \quad = 15,96 \text{ mm}$$

Bolzendurchmesser sind bis d= 36mm wie Schraubendurchmesser abgestuft. vgl. Stb 3 KN1 (*W.Lori & P.Knüpfer 2019:48*),

sodaß $\underline{d_B = 16 \text{ mm}}$ gewählt wird.

Der äussere Ringdurchmesser D_A ergibt sich dann zu

D_A = (2,5...3)*d_B vgl. Stb 3 KN1 (*W.Lori & P.Knüpfer 2019:52*)

$\underline{D_A = 48 \text{ mm}}$

Die notwendige Stärke = Breite b_A des Verstärkungsringes wird über die zulässige Flächenpressung des Verstärkungsauges bestimmt:

$$p_{zulA} \geq \frac{F * K_A}{2 * d_B \, b_A}$$ vgl. Gl.3.67,

Stb 3 KN1 (*W.Lori & P.Knüpfer 2019:53*)

Mit Betriebsfaktor K_A= 1, p_{zulA}= 60 N/mm², d_B= 16 mm und F= 3500N

$$b_A \geq \frac{3500*1}{2*16*60} \text{ mm} = 1{,}82 \text{ mm}$$ gewählt wird b_A = 5mm

Die Verstärkungsringe erhalten jeweils einseitig in der Bohrung 1 Fase von maximum 1 mm (Montagehilfe): Dies erhöht die Flächenpressung, die aber immer noch im zulässigen Bereich bleibt:

$P_{vorh} = \dfrac{3500*1}{2*16*4mm}$ N/mm² = 27,3 N/mm² vorhandene Pressung im Ring mit einer Fase < 60 N/mm².

Die Flächenpressung aus der Preßpassung ist nicht erfaßt, soll aber sehr groß sein. Deshalb ist eine grosse Reserve für die Flächenpressung angebracht.

Begründung für b_A= 5mm entgegen dem Rechenwert von 1,8 mm
Es bestehen folgende Bedingungen für Kehlnähte:

1. $a_{min} \geq (\sqrt{tmax} - 0{,}5)$ mm

   gem. Aufgabenstellung (*HFH 2019:7*)

2. $a_{min\_absolut} \geq 3$ mm

   gilt für Kehlnähte! gem. Steinhilper & Sauer
   gem. StB 3 KN1 (*W.Lori, P.Knüpfer 2019:14*)

3. $a_{max} < 0{,}7 * t_{min}$ **Gl. 2.6** Stb 3 KN1, (*W.Lori & P.Knuepfer 2019:14*)

Aus 2. und 3. folgt: 3mm < 0,7 * t_{min} sodaß t_{min} > 4,29 mm werden muß, damit die absolut kleinste Schweißnaht von a_{min} = 3mm wenigstens ausgeführt werden kann.

Somit ist hier die Schweissung für die Festlegung von b_A relevant und b_A = 5mm wird konstruktiv festgelegt damit eine Kehlnaht mit a = 3mm ausgeführt werden kann.

1.5 Ausleger Festlegung der Dimensionen
Nachdem der Verstärkungsring dimensioniert wurde, können die Maße des Auslegers entsprechend festgelegt werden.

D_A = 48 mm sowie die Schweißnahtbreite von 3 mm sind wesentliche Parameter, die die Länge des Trägers beeinflussen.

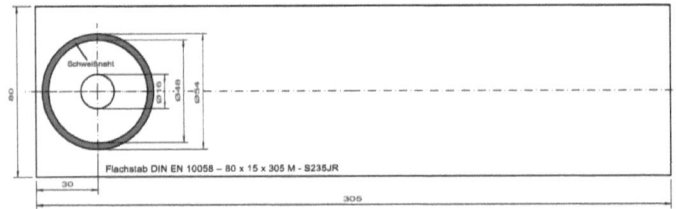

Abbildung 5   Maße am Ausleger

2. Rohrleitungsträger Nachrechnung der Bauteile der Baugruppe

Die schon vorher berechneten Werte werden ohne weitere Erklärungen bei Bedarf hier verwendet und eingesetzt.

2.1 Auslegerquerschnitt Sicherheitsnachweis
(Sicherheitsnachweis gemäß Gestaltänderungsenergie – Hypothese)

gem. Stb 2 KN 1, Abb. 2.2 *(Gläser, Knuepfer 2019:25)*

Gleichung 2.4 a $s_v = \sqrt{\sigma^2 + 3 * \tau^2}$

$$s = \frac{Mbmax}{Wbvorh} = \frac{9{,}625*10^5*6\ Nmm}{15*80^2 mm^3} = 60{,}2\ N/mm^2$$

$$t_{max} = 1{,}5 * \frac{F_q}{Avorh} = \frac{1{,}5*3500N}{80mm*15mm} = 4{,}375\ N/mm^2$$

t_{max} = 4,375 N/mm² ist der maximale Wert der Schubspannung, welcher nur in der neutralen Faser erreicht wird, wo s_b = 0 ist. Der mittlere Schubspannungswert, der über den Querschnitt als konstant angesehen werden kann, ist nur $t_m = \frac{F_q}{Avorh}$ = 2,92 N/mm² !

$s_v = \sqrt{60{,}2^2 + 3 * 4{,}375^2}$ N/mm² = 61 N/mm²
s_{bzul} = 141 N/mm² mit S_{Fvorh} = 2 (siehe 1.1.2) ⇒ $\underline{s_v < s_{bzul}} \Rightarrow \underline{S_{vorh} > 2}$

aktuelle Sicherheit für den Ausleger S_{vorh} = 282/61 = 4,6 !

Der Auslegerquerschnitt ist ausreichend bemessen und tragfähig.

Berechnung Sicherheit für den **Übergangsquerschnitt des Auslegers** an der Kehlnaht nach Stb 3 & Stb 7 KN1, 2.3.4 *(W.Hase, J.Hasenpath, 2019:42)*: s_{zul} = 180 N/mm² bei einer Sicherheit von 1,5.

16

Das heißt S_{vorh} = 180 * 1,5 / 61 = 4,43 > S_{erf} = 2

2.2 Schweißnaht Ausleger/Montageplatte Spannungsnachweis

Übertrag aus 1.2.2:

$$S_{bwvorh} = \frac{M_{bmax}}{W_{bwvorh}} = \frac{275\ mm*3500N*3}{4*80^2 mm^2} = 113\ N/mm^2$$

$$t_s = \frac{F_q}{A_{vorh}} = \frac{3500N}{80mm*4mm*2} = 5{,}47\ N/mm^2$$

Gl. 2.8 Stb 3 KN1 (*W.Lori & P.Knuepfer 2019:16*)

$$S_{wv} = 0{,}5^*\left(\sigma_{bw} + \sqrt{\sigma_{bw}^2 + 4 * \tau_s^2}\right) =$$
$$= 0{,}5^* \left(113 + \sqrt{113^2 + 4 * 5{,}47^2}\right) N/mm^2$$

Gl. 2.11 Stb 3 KN1 (*W.Lori & P.Knuepfer 2019:17*)

S_{wv} = 113,3 N/mm² < S_{wzul} = 140N/mm²

Somit kann festgestellt werden, dass die Schweißnaht an Ausleger/ Montageplatte ausreichend tragfähig ist.

Berechnung Sicherheit für die Kehlnaht nach Stb 3 KN1 und Stb 7 KN1:

Nach Stb 7 KN1, 2.3.4 (*W.Hase, J.Hasenpath, 2019:42*) ist S_{wzul} = 140N/mm² bei einer Sicherheit von 1,5.

Das heißt: S_{wvorh} = 140 * 1,5 / 113,3 = 1,85

2.3 Schraubenverbindung Spannungs- und Tragfähigkeitsnachweis

Übertrag aus 1.3:

- F_A = 7980 N
- F_{Kerf} = 0,8 * F_A ⟹ F_{Kerf} = 6384 N
- Schraubenart Ganzgewindeschraube DIN EN ISO 4017
- Festigkeitsklasse 8.8 ⟹ $R_{p0,2}$ = 640 N/mm²
- Reibungszahlen für Gewinde und Kopfauflage μ_G = μ_K = 0,12
- Rautiefe Montageplatte R_z = 20 mm
- Drehmomentgesteuertes Regelanziehen a_A = 2,0
- Der E-Modul für Stahl ist E_s = 2,1*10⁵ N/mm².
- Klemmlänge L_k besteht aus der Dicke der Montageplatte S=20 mm und der Dicke einer Unterlegscheibe von s = 1,6 mm
- gesamter Setzbetrag f_z = 11mm
- Spannungsquerschnitt für M8 ist A_s =36,6 mm² pro Schraube
- Anzahl der geplanten Schrauben ist 3

- d_h = 10,5 mm

Die Berechnung erfolgt mit Unterlegscheibe weil die Schraubenlöcher in der Montageplatte mit d = 10,5 mm gewählt wurden (als Montagehilfe), was die Flächenpressung unter dem Schraubenkopf unzulässig erhöhen könnte, wohl wissend, daß dadurch die Klemmlänge erhöht wird und auch der Setzkraftverlust grösser wird. Aber, die Konstruktion muß auch für die Montage brauchbar sein!!!

2.3.1 Berechnung Nachgiebigkeit der Schraube M8

Weitere Parameter für die weitere Schraubenberechnung übernehme ich aus Stb 7 KN1, 2.3.1 (*W.Hase, J.Hasenpath, 2019:38*) wie folgt:

E_S	$2{,}1*10^5 N/mm^2$	Die Nachgiebigkeit der Schraube berechnet sich aus
d_N	8 mm	Gl.3.7 Stb3 KN1 (*W.Lori & P.Knuepfer 2019:30*)
A_N	50.27 mm²	
A_3	32.88 mm²	$d_S = d_K + d_{fr\_Gew} + d_{Gew\_M} + d_M$
d_3	6.47 mm	$d_K = \frac{0{,}5*d_N}{A_N * E_S} = \frac{0{,}5*8}{50{,}27* E_S} = 3{,}78 * 10^{-7}$ mm/N
d_h	10.5 mm	
d_w	11.6 mm	$d_{Gew} = \frac{l_{Gew}}{A_3* E_S} = \frac{21{,}6}{32{,}88* E_S} = 31{,}3 * 10^{-7}$ mm/N
d_{KM}	10.3 mm	$d_{Gew\_M} = \frac{0{,}5*d_N}{A_3* E_S} = \frac{0{,}5*8}{32{,}88* E_S} = 5{,}79 * 10^{-7}$ mm/N
l_K	4.00 mm	
l_{Gew}	21.6 mm	$d_M = \frac{0{,}33*d_N}{A_N* E_S} = \frac{0{,}33*8}{50{,}27* E_S} = 2{,}5 * 10^{-7}$ mm/N
l_{GEW_M}	4 mm	$A_s = 36{,}6 mm2$ $\underline{d_S = 43{,}37 * 10^{-7} \text{ mm/N}}$
l_M	2.64 mm	

d_k Kopf	d_{Gew} freies Gew	d_{Gew_M} Mutter Gewinde	d_M Mutter	S d_S Nachgiebigkeit Schraube	Federsteifigkeit Schraube C_S
0.080	0.657	0.122	0.0525	4.337E-06	230579.9

Bohrlöcher in Montageplatte sind d_h =10,5mm, gedacht als Montagehilfe, mehr Spiel beim Einbau !

2.3.2 Berechnung der Nachgiebigkeit der Montageplatte

Damit sich der Verformungskegel im geklemmten Bauteil um eine gespannte Schraube voll ausbilden kann, muss der Ersatzaussendurchmesser D_A um eine Schraube herum grösser als der sog. Grenzaussendurchmesser $D_{A,Gr}$ des Verformungskegels (Druckeinflusszone) derselben Schraube sein. Der Verformungskegel ist ein Modell zur Beschreibung von Druck- und Verformungsfortpflanzung vom Schraubenkopf ausgehend durch die geklemmten Bauteile. Idealerweise ordnet man Schrauben so an, dass diese Kegel sich voll ausbilden können, sich nicht gegenseitig überlagern. Deshalb ist die

18

Schraubenanordnung zu Rändern und zu anderen Schrauben entsprechend zu gestalten.

Es sollte sein: $D_A > D_{A,Gr}$ Gl.3.14

Stb3 KN1 (*W.Lori & P.Knuepfer 2019:31*)

$D_{AGr} = d_w + w * l_K * 0{,}577$ Gl.3.14

d_w Kopfauflagendurchmesser = 11,6 mm

w Verbindungskoeffizient für Einschraubverbindungen w = 2

l_K Klemmlänge der gefügten Bauteile = 21,6mm inkl. U-Scheibe

$D_{AGr} = 11{,}6mm + 2 * 21{,}6mm * 0{,}577 = 36{,}53$ mm

Wenn der Abstand zwischen den Schrauben 40 mm ist, dann kommt es nicht zu einer Überlagerung der Kegel bei den Schrauben.

Und wenn der Abstand der Schrauben vom Rand 20 mm ist, dann können sich die Kegel auch im Randbereich voll ausbilden.

Für $D_A > D_{A,Gr}$ sind die nächsten Rechenschritte wie folgt:

Höhe des Verformungskegels $L_v = \dfrac{w * L_K}{2} = \dfrac{2 * 21{,}6\ mm}{2} = L_k = 21{,}6$ mm   Stb3 KN1

(*W.Lori & P.Knuepfer 2019:32*)   Gl. 3.20 b

Die Höhe der Hülse berechnet sich zu $L_H = L_K - \dfrac{2 * Lv}{w} = 0$ Gl. 3.21

Eine Hülse existiert also nicht.

Bohrlöcher in Montageplatte sind d_h =10,5mm, gedacht als Montagehilfe, mehr Spiel beim Einbau !

Die Nachgiebigkeit der Montageplatte wird berechnet mit

$$\delta_P V = \frac{\ln\left[\dfrac{(d_w + d_h) * (d_w + 1{,}15 * L_v - d_h)}{(d_w - d_h) * (d_w + 1{,}15 * L_v + d_h)}\right]}{1{,}81 * E_p * d_h}$$

Stb3 KN1 (*W.Lori & P.Knuepfer 2019:32*)   Gl. 3.18

$$\delta_P V = \frac{\ln\left[\dfrac{(11{,}6+10{,}5)*(11{,}6+1{,}15*21{,}6-10{,}5)}{(11{,}6-10{,}5)*(11{,}6+1{,}15*21{,}6+10{,}5)}\right]}{1{,}81*210000*10{,}5} \text{ mm/N}$$

$$\delta_P V = \frac{\ln\left[\dfrac{(22{,}1)*(25{,}94)}{(1{,}1)*(46{,}94)}\right]}{1{,}81*210000*10{,}5} \text{mm/N}$$

$\underline{\delta_P V = 6{,}031 * 10^{-7}\text{ mm/N}}$

Weil es keine Hülse gibt, berechnet sich die Nachgiebigkeit der Platte zu

$$\delta_P = \frac{2}{w} * \delta_P{}^V + \delta_P{}^H \quad Gl.3.17 \; StB \; 3 \; KN1 \; (W.Lori, P.Knuepfer \; 2019:32)$$

$$\delta_P = \frac{2}{2} * 6{,}01 * 10^{-7} + 0 \quad = \underline{6{,}031 * 10^{-7}} \; mm/N$$

2.3.3 Berechnung Kraftverhältnis

Der nächste Schritt ist die Berechnung des **Kraftverhältnisses** bei

Betriebskraftangriff unter dem Kopf ϕ_k *gem. Gl.3.27*

$$\phi_k = \frac{\delta_P}{\delta_P + \delta_S} \qquad \phi_k = \frac{6{,}031}{6{,}031 + 43{,}37} * 10^{-7} = \underline{0{,}122}$$

StB 3 KN1 *(W.Lori, P.Knuepfer 2019:34:35)*

Der Krafteinleitungsfaktor n ist ein Korrekturfaktor, der die reale Krafteinleitung rechnerisch berücksichtigt.

n=0,6 und F=n*FK   *Gl. 3.30 StB 3 KN1 (W.Lori, P.Knuepfer 2019:34:35)*

F= 0,6*0,122 = 0,073

berücksichtigt die reale Krafteinleitung in der Nähe des Kopfes.

2.3.4 Berechnung Vorspannkraftverlust

Jetzt kann der **Vorspannkraftverlust** berechnet werden:

Gl. 3.40 StB 3 KN1 (W.Lori, P.Knuepfer 2019:37)

$$F_Z = \frac{f_Z}{\delta_P + \delta_S} \qquad F_Z = \frac{0{,}011 \; mm}{49{,}4 \; mm/N} / 10^{-7} = \underline{2227 \; N}$$

Durch die sog. Setzung an den Kontaktflächen der gepressten Bauteile und Schraube gibt es den Setzkraftverlust., der dazu führt, daß Schraube und Platten sich im Mikrometerbereich minimal entspannen und dadurch erheblich an Kraft verliert. Durch Glättung der Oberflächen.

Die Scheibe wirkt hier erhöhend auf den Setzkraftverlust.

2.3.5 Berechnung maximale Montagevorspannkraft

Die **maximale Montagevorspannkraft** berechnet sich nach

$F_{M \, max} = a_A * [F_{Kerf} + (1 - F)*F_A + F_Z]$ *Gl. 3.42*

StB 3 KN1 (W.Lori, P.Knuepfer 2019:38)

$F_{M \, max} = 2 * [6384N + (1 - 0{,}073)*7980N + 2227 \; N] = 32017 \; N$

$$F_{M \, max} / \; Schraube = 2 * \left[\frac{6384N}{3} + \frac{0{,}927 * 7980N}{3} + 2227{,}5N \right]$$

$F_{M\,max}$ / Schraube = 13642 N

$F_{Vm0,9}$ = F_{Mzul} = 18600 N für Festigkeitsklasse 8.8 und m_G =0,12

vgl. 2.3.5 Stb7 KN1 (W.Hase, J.Hasenpath, 2019:44)

$F_{M\,max}$ / Schraube = 13642,6 N < $F_{M0,9}$ = 18600 N

Schrauben sind nach Grösse und Festigkeitsklasse ausreichend dimensioniert!

2.3.6 Überprüfung der Funktionssicherheit

Bei minimaler Vorspannkraft muss noch ausreichend Klemmkraft vorhanden sein!!

$F_{Mmin} = \dfrac{F_{M0,9}}{\alpha_A}$ minimale Vorspannkraft durch Streuung wegen Anziehfaktor *Gl. 3.37*

StB 3 KN1 (W.Lori, P.Knuepfer 2019:36)

Diese o.g. minimale Vorspannkraft F_{Mmin} wird dann noch durch den Setzkraftverlust F_z reduziert zur minimal erreichbaren Vorspannkraft F_{Vmin}. Unter dieser Bedingung wird nun rechnerisch geprüft, ob die Schraube dann noch über die erforderliche Restklemmkraft F_{Kerf} verfügt.

Das beschreibt Gl. 3.40 *StB 3 KN1 (W.Lori, P.Knuepfer 2019:37)*

$F_{Vmin} = F_{Mmin} - F_z = \dfrac{F_{M0,9}}{\alpha_A} - F_z = \dfrac{18600N}{2} - 2227N = 9300N - 2227N = 7073N$

F_{KRmin} = F_{Vmin} - F_{PA} > F_{Kerf} ist die Prüfbedingung für die Funktionssicherheit der Schraubenverbindung.

Dafür muss zunächst F_{PA} – Anteil der Schraubenbetriebskraft F_A ermittelt werden.

Dazu verwende ich die Gl. 3.24 und 3.26 aus

StB 3 KN1 (W.Lori, P.Knuepfer 2019:33):

$F_A = F_{SA} + F_{PA}$ Gl.3.24   2660N = F_{SA} + F_{PA}

$F_{SA} = F*F_A$ Gl.3.26 F_{SA}= 0,073 * 2660N=195N

Der Anteil F_{PA} der Schraubenkraft, der die Klemmkraft F_K reduziert ist

$F_{PA} = F_A - F_{SA}$ F_{PA} = 2660 -195 =2465N

F_{KRmin}= 7073N – 2465N = 4608N > F_{Kerf} = 6384N/3 = 2128N

Funktionssicherheit ist also gegeben!

2.3.7 Plausibilitätsprüfung durch Verspannungsschaubild

Das Schraubendiagramm basiert auf einer massstäblichen Zeichnung, die hier skaliert abgebildet ist. Dadurch ist zumindest ersichtlich, daß die berechneten Werte konsistent sind und daß die Ergebnisse nicht total falsch sind. Der fachkundige Leser findet die gerechneten Werte hier wieder.

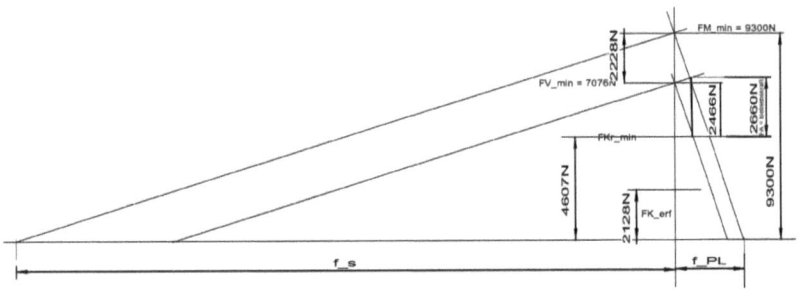

Abbildung 6 Diagramm zur berechneten Schraube, Werte gerundet, massstäblich

2.3.8 Schraube M8 Spannungsnachweis

Die Schrauben sind belastet mit Zugkraft und Torsionsmoment und die Montageplatte wird vom Schraubenkopf mit Flächenpressung belastet.

Die Vergleichsspannung aus Zug- und Torsionsspannung darf 90% der Mindeststreckgrenze der Schraube nicht überschreiten:

Gl. 3.48 *StB 3 KN1 (W.Lori, P.Knuepfer 2019:39)*

$s_{VM\,zul}$ = 0,9 *$R_{p0,2min}$ = 640N/mm² * 0,9 = 576N/mm²

beschreibt diesen Sachverhalt.

Der Nachweis der Tragfähigkeit bei Betriebsbeanspruchung führt dann zu Gl. 3.50

StB 3 KN1 (W.Lori, P.Knuepfer 2019:39):

$s_{VM\,vorh}$ = $\dfrac{1}{A_S}$ • (F_{Mzul} +F*F_{Amax}) mit F_{Mzul} = $F_{M0,9}$ aus *2.3.5 Stb7 KN1 (W.Hase, J.Hasenpath, 2019:44)*

$$s_{VMvorh} = \dfrac{1}{36,6\ mm2} \cdot (\ 18600N\ +0,073*2660N\ ) = \underline{\textbf{513,5 N/mm}^2}$$

t_{tmax} = $\dfrac{F_{Mzul}}{W_t}$(0,159*P+0,577*d_2*m_{Gmin}) Gl. 3.51

StB 3 KN1 (W.Lori, P.Knuepfer 2019:40)

und W_t = $\dfrac{\pi * d_3{}^3}{16}$ Gl. 3.52 *StB 3 KN1 (W.Lori, P.Knuepfer 2019:40)*

$$W_t = \dfrac{\pi * 6,47^3}{16}\ \text{mm}^3 = \underline{\textbf{53,18 mm}^3}$$

t_{tmax} = $\dfrac{18600\ N}{53,18\ mm^3}$ • (0,159 *1,25 mm+0,577*7,19 mm*0,12) = $\underline{\textbf{243,63 N/mm}^2}$

Der endgültige Nachweis der Tragfähigkeit erfolgt nun mit Gl. 3.53 aus
StB 3 KN1 (W.Lori, P.Knuepfer 2019:40) mit k_t =0,5

$$SVM = \sqrt{\sigma^2_{zmax} + 3(k_\tau * \tau)^2} \leq R_{P0,2}$$

$$SVM = \sqrt{513,5^2 + 3(0,5 * 243,6)^2} \leq 640 N/mm^2$$

SVM = 555 N/mm² ≤ 640N/mm² ist wahr und somit ist die Tragfähigkeit der Schrauben bei Betriebsbeanspruchung gewährleistet.

SVM = 555 N/mm² ≤ 0,9 * $R_{p0,2N}$ = 640 * 0,9 = 576 N/mm²

2.3.9 Schraube M8 Grenzflächenpressung Nachweis

Der Schraubenkopf drückt über die Scheibe auf die Montageplatte, die aus E295 besteht.

p_{G_E295} = 710 N/mm²

Die Festigkeitsbedingung für die Flächenpressung lautet

$$p_{GMax} = \frac{F_{Mzul} + \phi * F_{Amax}}{A_p} \leq p_G \quad \text{Gl.3.57 } StB\ 3\ KN1\ (W.Lori,\ P.Knüpfer\ 2019:40)$$

Mit Gl.3.57 *StB 3 KN1 (W.Lori, P.Knüpfer 2019:40)* berechnet man die gepreßte Fläche

Mit A_p = p*(d_w^2-d_h^2)/4 wenn keine Unterlegscheibe eingebaut ist bzw.

A_p = p*(d_a^2-d_i^2)/4 wenn eine Unterlegscheibe eingebaut ist **und die Bohrungen für die Schrauben auf 10,5 mm aufgebohrt sind.**

Die U-Scheiben haben die Spezifikation DIN 7089 – 8,4x16x1,6 dick.

$$A_p = p\ \frac{16^2 - 10,5^2}{4} mm^2 = 114,5\ mm^2$$

$$p_{GMax} = \frac{18600N + 194,2N}{114,5\ mm^2} \leq 710\ N/mm^2$$

p_{GMax} = 164 N/mm² < 710 N/mm²
Die vorhandene Flächenpressung ist also sehr viel kleiner als p_g und somit tragsicher.

2.3.10 Erforderliches Anzugsmoments M Berechnung

StB 3 KN1 (W.Lori, P.Knüpfer 2019:40) Gl. 3.39 mit d_{KM}= (d_w+d_h)/2 mit d_h=10,5mm

M_{Aerf} = F_{Mzul} · (0,159*P+0,577*d_2*m_{Gmin} + m_{Kmin}·0,5*d_{Km})

M_{Aerf} = 18600N · (0,159*1,25mm+0,577*7,19mm*0,12 + 0,12·0,5*11,05mm)

M_{Aerf} = 25288 Nmm

was man auch in 2.3.5 Stb7 KN1 (*W.Hase, J.Hasenpath, 2019:44*) so findet.

2.3.11 Schraube M8 erforderliche Einschraubtiefe m_{eff} und Schraubenlänge

Berechnung

In Arbeitsblatt 2.3.2 *Stb7 KN1 (W.Hase, J.Hasenpath, 2019:44)* findet man die Mindesteinschraubtiefe mit Hilfe der Parameter R_m, t_b.

R_m = 360 N/mm^2 für S235JR (Material der Stütze)

t_B/R_m = 0,65

t_B = 234 N/mm^2

m_{eff}/d wird abgelesen. m_{eff}/d = 1,4 und m_{eff} = 11,2 mm.

Mit der Klemmlänge von 21,6 mm + 11,2 mm = 32,8 mm wird eine Schaftlänge von 35 mm gewählt, sodass die Einschraubtiefe 13,4 mm ist.

Die Schrauben für diese Konstruktion: DIN EN ISO 4017 M8 x 35 - 8.8

Um das Konstruktionsprinzip zu gewährleisten im Falle einer Überlastung, daß die Schraube bricht, bevor das Gewinde abgestreift wird, muss eine mindeste Einschraubtiefe mit tragenden Gewindegängen dies verhindern.

2.3.12 Montageplatte Festlegung der Maße

Nachdem D_A und $D_{A,Gr}$ bekannt sind, kann die Montageplatte konstruiert werden. In Abbildung 7 sind die vorher diskutierten Parameter für Schraubenabstände und Randabstände zusammen mit den gegebenen Randbedingungen berücksichtigt.

Desweiteren sollen die Bohrungen für die Schrauben mit d_h =10,5 mm aufgebohrt sein, um trotz etwaigen Imperfekionen auf der Mauer trotzdem ein Auflagern der Montageplatte auf dem Mauervorsprung zu gewährleisten, damit der Vorgabe gedient ist, dass die Schrauben keine Querkräfte aufnehmen.

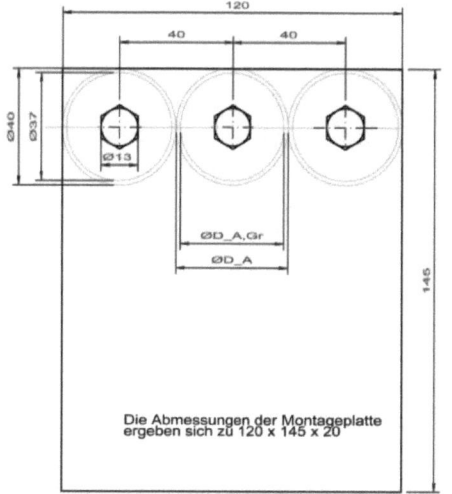

Die Abmessungen der Montageplatte
ergeben sich zu 120 x 145 x 20

Die Verformungskegel berühren sich nicht und werden nicht von den Rändern des Bauteils abgeschnitten

Abbildung 7 Abmessungen der Montageplatte (gezeichnet mit Becker CAD)

2.4 Durchbiegung des Bolzens an der Krafteinleitungsstelle

In *Stb7 KN1 (W.Hase, J.Hasenpath, 2019:19:20)* findet man die Berechnungsformeln:

$$f_{max} = \frac{F*l^3}{3*E*I} \quad \text{Durchbiegung am Kragarm} \quad f_{max} = \frac{1750N*30^3}{3*210000N*I} \, mm$$

$$I_x = \frac{\pi*d^4}{64} \quad \text{FTM Kreisquerschnitt} \quad I_x = \frac{\pi*16^4}{64} \, mm^4$$

$$I_x = 3217 \, mm^4 \quad f_{max} = \frac{1750N*30^3}{3*210000N*3217} \, mm$$

$$f_{max} = 0,0233 \, mm$$

Die Durchbiegung sollte berechnet werden, ohne dass daran eine Forderung in der Aufgabenstellung geknüpft ist.

Dennoch:

Bei Literatur der Studienbriefe findet man dazu:

In *Stb7 KN1 (W.Hase, J.Hasenpath, 2019:19:46)* findet man einen Richtwert für die zulässige Durchbiegung von Wellen und Achsen gültig im Maschinenbau: $f_{zul} <$ l/3000

25

f_{zul} = 30/3000 = 0,01 mm im vorliegenden Fall

f_{vorh} > f_{zul} und demnach müßte der Bolzendurchmesser dann vergrössert werden:

$$I_{erf} \geq \frac{F*l^3}{3*E*f_{zul}} \qquad I_{erf} \geq \frac{1750*30^3}{3*210000*0,01} \; mm^4 \quad = 7500 \; mm^4$$

$$d^4 > \frac{\pi*7500}{64} \; mm^4 \; = 152788,7 \; mm^4 \; \text{mit } d_B > 152788,7^{1/4} \; mm = 19,8 \; mm$$

Man erhält dann einen Bolzendurchmesser von d_B = 20 mm.

Damit verändert sich dann auch Maß D_A des Aussendurchmessers des Verstärkungsringes: D_A = 3 * 20 mm = 60 mm um im empfohlenen Bereich zu bleiben:

D_A = (2,5...3)*d_B vgl. Stb 3 KN1 *(W.Lori & P.Knuepfer 2019:52)*

Durch die Erhöhung des Querschnittes des Bolzens d_B **verringern** sich die vorhandenen Spannungen und die Flächenpressung. Die Flächenpressung muß deshalb nicht erneut überprüft werden.

Diese Veränderung muß jedoch erneut in der Konstruktion abgebildet werden, um die geometrischen Verhältnisse zu prüfen:

Die Länge des Auslegers wird auf 310mm vergrössert.

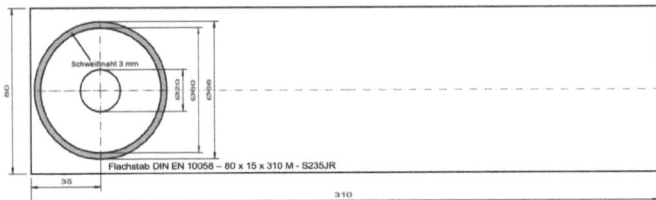

Abbildung 8   Revidierte Maße am Ausleger

Leider konnte ich nicht erkennen, ob diese Verformungsempfehlung auch für Bolzen gilt. Sicherheitshalber habe ich dies so angenommen, weil keinen negativen Einfluss auf die Sicherheit. Studium von einschlägiger Literatur im Roloff/Mateck und Decker konnten diese Frage auch nicht beantworten.

2.5 Bolzen Nachrechnung mit d_B= 16 mm
(gemäß Gestaltänderungsenergie – Hypothese)

gem. Stb 2 KN 1, Abb. 2.2 *(Gläser, Knuepfer 2019:25)*

wenn d_B= 16 mm ausgeführt werden kann, dann kann d_B= 20 mm auch ausgeführt werden!

Gleichung 2.4 a $s_V = \sqrt{\sigma^2 + 3 * \tau^2}$

26

$$s_b = \frac{M_{bmax}}{W_{bvorh}} = \frac{1750*30\ Nmm}{402\ mm^3} = 130{,}6\ N/mm^2$$

$$t_{max} = 1{,}33 * \frac{F_q}{A_{vorh}} = \frac{1{,}33*1750N}{201} = 11{,}6\ N/mm^2$$

t_{max} = 11,6 N/mm^2 ist der maximale Wert der Schubspannung, welcher nur in der neutralen Faser erreicht wird, wo s_b = 0 ist. Der mittlere Schubspannungswert, der über den Querschnitt als konstant angesehen werden kann, ist nur $t_m = \frac{F_q}{A_{vorh}}$ = 8,7 N/mm^2 !

$$s_v = \sqrt{130{,}6^2 + 3 * 11{,}6^2}\ N/mm^2 = 132{,}1\ N/mm^2$$

s_{bzul} = 174,2 N/mm^2 mit S_{Fvorh} = 2,6 (siehe 1.4) $\Rightarrow$ <u>$s_v < s_{bzul} \Rightarrow S_{vorh} > 2$</u>

<u>Die vorhandene Sicherheit gegen Fliessen ist jetzt</u>

<u>S_{Fvorh} = 174,2*2,6/ 132,1 = 3,43</u>

Der Bolzenquerschnitt d_B=16mm ist ausreichend bemessen.

Die vorhandenen Spannungen sind nicht kritisch.

In dieser Konstruktion wird aber der Bolzendurchmesser d_B= 20 mm ausgeführt.

Aufgrund von Nichtwissen gehe ich auf Nummer sicher.

Begründung: Ich kann das Ergebnis aus der Verformung nicht ignorieren und da der grössere Bolzendurchmesser d_B=20mm sich festigkeitsmässig postiv auf die Konstruktion auswirkt, wird er deshalb ausgeführt, um auf der sicheren Seite zu sein.

2.5.1 Bolzen Abmessungen und Verliersicherung

Es wird ein Bolzen gemäß DIN EN 22340 Form A ohne Splintloch gewählt. Der Bolzen wird durch Presssitz im Auge gesichert. Eine weitere Sicherung gegen Verlieren ist nicht notwendig.

d_B= 20 h7

Die Länge des Bolzens ergibt sich wie folgt:

L= 2*60mm (freie Länge) +2* 5mm (Dicke der Ringe)+ 15mm (Ausleger)= 145 mm.

Ausgeführt wird l_B =150 mm.

Die Preßpassung als Verliersicherung hat die Paarung h7/S6 mit folgenden Abmaßen:

Bolzen 20 h7 $^0_{-21}$ Bohrung 20 S6 $^{-31}_{-44}$

Höchstübermaß = Kleinstmaß Bohrung – Grösstmaß Welle

$$-44mm - 0 = \underline{\textbf{-44mm}}$$

Mindestübermaß = Grösstmaß Bohrung – Kleinstmaß Welle

$$-31mm - (-21)\ mm = \underline{\textbf{-10 mm}}$$

Unter allen Fertigungsbedingungen hat diese Paarung von Passungen also ein Übermaß und der Bolzen ist gesichert.

Ob es eine betriebsbedingte Temperatur gibt, unter der sich der Bolzen lockern kann, muß nicht in Betracht gezogen werden, da wir eine statische Belastung haben.

Es wird gewählt: Bolzen DIN EN 22340 – A 20 x 150 – St

3. CAD Modell Baugruppe (siehe Anlage)

3.1 Normgerechte Zusammenbauzeichnung (siehe Anlage)

3.2 Isometrische Ansicht (siehe Anlage)

4. Stückliste (siehe Anlage)

5. Konstruktionsbeschreibung

Der konstruierte Rohrleitungsträger besteht aus wenigen preiswerten Stahlelementen, die sich mit geringem Aufwand fügen lassen und deren Montage auf der Baustelle ebenso zeitsparend und unkompliziert ist.

Es wurde bei der Auslegung darauf geachtet, dass die Konstruktion ausreichend Sicherheitsreserven hat, um auch ungeplante, unvorhersehbare Belastungen überstehen zu können, die sowohl bei der Montage auftreten könnten, als auch während des Betriebes.

Die Sicherheitsreserven kombiniert mit solider Qualität sorgen dann auch dafür, dass der Rohrleitungsträger lange Zeit wartungsfrei seine Funktion erfüllen wird.

Solide Kehlnähte verbinden den 310 mm langen Stahlträger 15 mm dick mit einer 20 mm dicken Montageplatte ebenfalls aus Stahl. Alle Schweißnähte sind bei der Fertigung in der Werkstatt für den Schweisser und Inspektor sehr gut zugänglich und daher von sehr guter Qualität. Allerdings muß die Schweißkonstruktion vor der Montage auf der Baustelle einen Korrosionsschutz erhalten, um hohe Lebensdauer sicherzustellen.

Desweiteren sollte auch der 20 mm dicke Bolzen in der Werkstatt vor der Montage auf der Baustelle eingepreßt worden sein. Im Anhang gibt es dazu eine Montageskizze.(siehe Anlage 8)

Dann kann die Konsole mit einem Eigengewicht von 9 Kg von einer Person zunächst mit der mittleren der 3 Schrauben von Hand fixiert werden. Bevor festgezogen wird, müssen zunächst alle drei Schrauben von Hand eingeschraubt sein. Die Konsole lagert dabei vollständig auf der Mauer. Dies wird durch das Spiel in den Schraubenbohrungen (d_h=10,5 mm) sichergestellt. Dann sollten alle Schrauben mit einem drehmomentgesteuerten Verfahren vorschriftsmässig mit 24 Nm angezogen werden. Die Unterlegscheiben sind notwendig, um die Schraubenlasten aus Gewerk- und Sonderlasten so auf die Montageplatte zu verteilen, daß es nicht zu bleibenden Verformungen kommen kann. Die Vergrösserung der Bohrlöcher in der Montageplatte macht die U-Scheiben notwendig, um die Flächenpressung im zulässigen Bereich zu haben.

Allerdings muß auch der Baugrund für die Montage des Rohrleitungsträgers an der Wand sorgfältig vorbereitet werden. (sauber und frei von Unebenheiten)

Eine wesentliche Vorgabe dieser Konstruktionsaufgabe ist, daß die Schrauben keine Querkräfte aufnehmen. Die Querkräfte sollen über die Montageplatte in den Mauervorsprung eingeleitet werden.

Schwierigkeiten beim Anschrauben der Konsole an die Wand könnten auftreten, weil die scharfen Ecken nicht wie skizziert in der Aufgabenstellung, Abb.1 *(HFH 2021:4)* so einfach ineinander passen werden. Deshalb sollte die Mauerinnenecke tiefer ausgearbeitet werden (2mm x 2mm), sodass die Kante der Montageplatte in die Mauerecke geschoben werden kann und genug Platz hat (Abb.1) und ein gleichzeitiger Kontakt zwischen horizontaler Auflagefläche und vertikaler Rückseite von Wand und Montageplatte möglich ist und die Teile sich gemäß Zeichnung fügen lassen. Konstruktiv wurde eine kleine Fase an der Montageplatte angebracht, um dem Monteur das Fügen auf der Baustelle zu erleichtern.

29

Montage-platte

Mauer

Ausfuehrung der Innenecke an der Mauer

Abb. 9 Eckkausbildung an der Mauer

Aufgrund obiger Maßnahmen werden die Lastannahmen und Ergebnisse in der Konstruktion dann auch der Realität entsprechen (kein Verkanten oder Schiefstellungen bei der Montage) und die Konsolen lassen sich dann auch ohne großen Aufwand ausrichten, wie es für das Vorrichten im Rohrbau notwendig ist (rechtwinklig und mit Wasserwaage).

Die zusätzlichen Arbeitsgänge für die Vorbereitung der Mauerecke, werden durch die Zeiteinsparungen bei der Montage der Konsole und beim Vorrichten der Rohre amortisiert.

6. Exkurs: Rohrleitungsträger im Anlagenbau

Der Rohrleitungsträger im Anlagenbau ist ein notwendiger und wichtiger Massenartikel und sollte deshalb wirtschaftlich herstellbar und auch wartungsfreundlich und langlebig sein. Rohrleitungsträger erhalten bei den Revisionen und Shutdown lediglich alle 5 – 10 Jahre einen neuen Korrosionsschutz und leben normalerweise Jahrzehnte. Qualität in Verbindung mit Wartungsfreundlichkeit sollten deshalb schon bei der Konstruktion wesentliche Kriterien sein.

Nachfolgend einige Beispiele aus dem Anlagenbau.

Abbildung 10:

Abbildung 11:

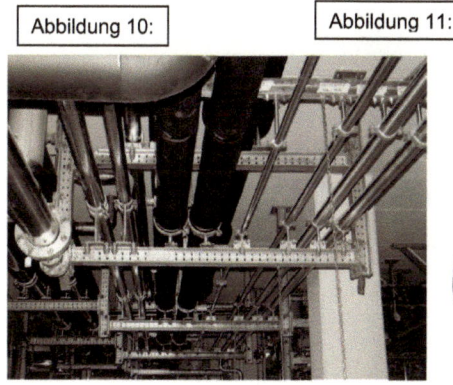
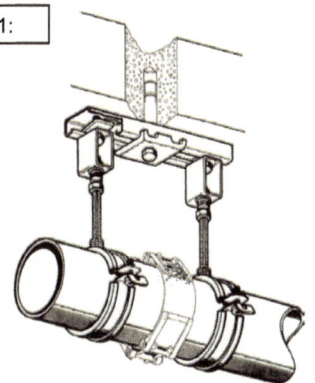

Bild 4.1 Anordnung von Rohrleitungen auf einer Tragkonstruktion (*SIKLA GmbH, Hausen*)

Bild 4.2 Hängende Anordnung einer Leitung (*SIKLA GmbH, Hausen*)

Abbildung 12: Auflagerung Löschwasserleitung in DAV 2 Raffinerie Petrobrazi Rumänien.

Abbildung 13 - 15:
Auflager für Rohrleitungen in der
Raffinerie Petrobrazi Rumänien

Abbildung 16:

Rohrleitungen im Modul 1 in der MLNG Plant in Bintulu Borneo

Wieviele Rohrleitungsträger sind hier wohl verbaut?

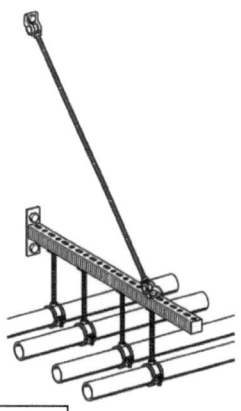

| Abbildung 17: | Vorgefertigtes Element einer Tragkonstruktion (*SIKLA GmbH, Hausen*) | Abbildung 18: | Vorgefertigte Rohrtrasse in einem Gebäude (*SIKLA GmbH, Hausen*) |

IV Abbildungsverzeichnis

V Literaturverzeichnis

Knüpfer, P. (2019): Konstruktion und Maschinenelemente 1, Technische Darstellungslehre in Studienbrief 1, HFH Hamburger Fern-Hochschule, 1. Auflage, Hamburg.

Gläser, H. (2019): Konstruktion und Maschinenelemente 1– Einfuehrung in CAD, Normung, Festigkeitsberechnung und Gestaltungslehre in Studienbrief 2, HFH Hamburger Fern-Hochschule, 1. Auflage, Hamburg.

Lori, W. (2019): Konstruktion und Maschinenelemente 1, Maschinenelemente I, Unlösbare und Lösbare Verbindungen in Studienbrief 3, HFH Hamburger Fern-Hochschule, 1. Auflage, Hamburg.

Gläser, H. (2019): Konstruktion und Maschinenelemente 1 – Einführung in CAD, Maschinenelemente II, Achsen und Wellen und Welle- Nabeverbidungen in Studienbrief 4, HFH Hamburger Fern-Hochschule, 1. Auflage, Hamburg.

Hase, W. (2019): Konstruktion und Maschinenelemente 1 – Einführung in CAD, Arbeitsblaetter in Studienbrief 7, HFH Hamburger Fern-Hochschule, 1. Auflage, Hamburg.

Matek, W. (1987): Maschinenelemente, Normung, Berechnung, Gestaltung. 11. Auflage, Wiesbaden:Vieweg

Gomeringer, R. (2019) Tabellenbuch Metall. 48. Auflage, Haan-Gruiten:Europa-Lehrmittel

Decker, K-H. (2018): Maschinenelemente, Funktion, Gestaltung und Berechnung,. 20. Auflage, München: C.Hanser

VI Anlagen

1. Stückliste
2. Zusammenbauzeichnung
3. Teilzeichnung Ausleger
4. Teilzeichnung Montageplatte
5. Teilzeichnung Verstärkungsring und Bolzen
6. Teilzeichnung Sechskantschraube und Unterlegscheibe
7. Isometrisch vermaßte Zeichnung der Baugruppe
8. Montageanweisung

Anmerkung der Redaktion: Anlagen sind nicht vorhanden.

BEI GRIN MACHT SICH IHR WISSEN BEZAHLT

- Wir veröffentlichen Ihre Hausarbeit,
  Bachelor- und Masterarbeit

- Ihr eigenes eBook und Buch -
  weltweit in allen wichtigen Shops

- Verdienen Sie an jedem Verkauf

Jetzt bei www.GRIN.com hochladen und kostenlos publizieren